SITZUNGSBERICHTE DER SÄCHSISCHEN AKADEMIE
DER WISSENSCHAFTEN ZU LEIPZIG

*Mathematisch-naturwissenschaftliche Klasse*
*Band 117 · Heft 6*

*WOLFGANG BUCHHEIM*

# KOMPLEMENTARITÄT NACH NIELS BOHR —

# PHYSIKGESCHICHTLICHE EPISODE ODER UNIVERSALE KATEGORIE VON ERGÄNZUNG?

AKADEMIE-VERLAG · BERLIN

1984

Vorgetragen in der Sitzung am 7. Mai 1982
Manuskript eingereicht am 16. Juli 1983
Druckfertig erklärt am 19. Mai 1984

Erschienen im Akademie-Verlag, DDR - 1086 Berlin, Leipziger Straße 3—4

Lizenznummer: 202 · 100/090/84
Printed in the German Democratic Republic
Gesamtherstellung: VEB Druckhaus „Maxim Gorki“, 7400 Altenburg
LSV 1115
Bestellnummer: 763 359 3 (2027/117/6)

00400

## A) Die Komplementarität in der Atomphysik

Der Begriff „Komplementarität", den N. BOHR definitiv um 1927 in die Physik eingeführt hat [1], verdankt seine — etwas zögernd und nicht sehr entschieden vorgenommene — Prägung letztlich der Umbruchsituation in den Naturwissenschaften, die 1896 durch die BECQUERELsche Entdeckung der Radioaktivität eingeleitet wurde. Der Versuch, die Welt der Atome, ihre Struktur und Reaktionsweisen mit den begrifflichen und anschaulichen Mitteln der klassischen Physik zu verstehen, wie ihn vor allem BOHR auf Grund der neuen Erfahrungen von P. LENARD und E. RUTHERFORD mit der Streuung hochenergetischer $\alpha$-Teilchen an Festkörpern unternahm, stieß zunächst auf große Schwierigkeiten. Das von N. BOHR um 1913 aufgestellte bekannte „Planetenmodell" des Atoms, das A. SOMMERFELD [2] quantitativ streng als mechanisches *Punktladungssystem* in Wechselwirkung mit elektromagnetischer *Wellenstrahlung* zu behandeln suchte, zeigte drastisch, daß es mit eben diesen Bildern und Begriffen der klassischen Physik widerspruchsfrei und ohne Zusatzhypothesen nicht restlos zu beschreiben war. Immerhin erwiesen sich Begriffe der klassischen Mechanik, wie Teilchen, Ort, Zeitpunkt, Impuls, Energie, Drall einerseits und elektromagnetische Wellenlänge, Strahlungsfrequenz, Amplitude, Strahlungsdichte andererseits, nicht als völlig unbrauchbar, sondern sogar als unentbehrlich, lediglich gewisser „*Gebrauchsanweisungen*" bedürftig, wenn logische Widersprüche vermieden bleiben sollten. Ihre Quintessenz war das, was N. BOHR und seine Schüler, besonders H. A. KRAMERS und W. HEISENBERG, schließlich „Komplementarität" nannten. Dieser Terminus, den N. BOHR einer — lange erwogenen — Bezeichnung „Reziprozität", die zumindest vom mathematischen Standpunkt aus wohl zutreffender gewesen wäre[1]), vorzog, rückte das Phänomen zwar in die verwirrende Nähe des bereits vergebenen Adjektivs „komplementär" im Sinne der bekannten Komplementärfarben. Diese aber haben mit der BOHRschen Komplementarität gerade nichts zu tun. Ausschlaggebend für BOHR war, daß durch „Komplementarität" der Zug von *Ergänzung* am deutlichsten zum Ausdruck gebracht würde, der den aus der physikalischen Klassik über-

[1]) Siehe hierzu den Beitrag von W. BUCHHEIM in [18].

nommenen, anschaulich *total verschiedenen*, ja sich geradezu *radikal ausschließenden* Vorstellungen und Begriffen, wie Teilchen und Feld, Ort und Impuls, Energiebereich und Zeitintervall u. a., inhäriert. Man konnte nämlich diese Begriffe nicht einfach über Bord werfen, ohne diese ganz neue — zunächst noch als interimistisch empfundene — „Atomphysik" zumindest auf der theoretischen Seite völlig zu paralysieren. H. G. SCHÖPF [3] hat die Rolle der Komplementarität als eines zunächst vor allem *heuristisch* gemeinten Instrumentes der Atomphysik in den Händen N. BOHRS wie folgt zu charakterisieren versucht: „Das Komplementaritätsprinzip ist ein Sprößling der physikalischen Moderne. Genauer gesagt, es ist ureigene Schöpfung von N. BOHR. Aber dieser hat hier nichts Fertiges, ein für alle Mal in klaren Worten Definiertes geschaffen, sondern sich gleichsam eine begriffliche Waffe hergestellt, die er in seinem unablässigen Kampf um das Verständnis der frappierenden Novitäten der neuen Physik immer wieder, aber in durchaus unterschiedlichem Kontext einsetzte. Und so bietet sich uns BOHRS Komplementaritätsbegriff etwas schillernd dar, fließend in seiner Bedeutung."

Vielleicht ist dieses „schillernde Fließen" nach SCHÖPF aber gerade bestimmend für die große Flexibilität und Universalität, in der sich Komplementarität heute, 50 Jahre nach ihrer Einführung in die Physik, noch immer präsentiert, und für ihre unerschöpfliche Fruchtbarkeit als Diskussionsgrundlage geblieben.

Von Ergänzung als dem Wesen der Komplementarität war schon die Rede. Bereits die ersten, zu Beginn unseres Jahrhunderts entdeckten Atomphänomene zeigten völlig unerwartete Züge von *Ganzheit*, denen theoretisch mit klassischer Physik auf keine Weise beizukommen war. Um z. B. dem — nur statistisch beschreibbaren — Charakter des radioaktiven Zerfalls gerecht zu werden, mußte die Physik — bezeichnenderweise — der *Biologie* entlehnte Begriffe wie „mittlere Lebensdauer" und „stationärer Zustand" einführen. Beide erwiesen sich alsbald als fundamental für die gesamte Mikrophysik weit über die natürliche Radioaktivität hinaus. Bei dem Versuch z. B., die Atome und Moleküle als Verbundsysteme von Elektronen und positiv geladenen Atomkernen zu verstehen, stieß man auf die stationären, ausstrahlungsfreien Zustände und das „PAULI-Verbot" der Mehrfachbesetzung dieser Zustände durch einzelne Elektronen, auch „PAULIsches Ausschließungsprinzip" genannt. Aber auch „offene", d. h. räumlich nicht abgeschlossene Systeme, z. B. ein Lichtstrom, der beugende Hindernisse umfließt, und, dahinter aufgefangen, in Elementarakten Fotoelektronen auslöst, weisen Ganzheitszüge auf. EINSTEIN hatte 1905 der Wellenoptik, die bis dahin uneingeschränkt „die ganze Wahrheit" über Licht aller Wellenlängen zu vertreten beanspruchte, den „korpuskularen Aspekt" des Lichtes im Sinne NEWTONS wieder hinzugefügt. Das führte zu dem fundamental neuen Begriff des *Lichtquants* oder

„Photons". Die Ganzheit dieses Lichtstromes, die die beiden miteinander verwobenen komplementären Aspekte eines „Wellenfeldes" und eines „Lichtquantenhagels" aufweist, zeigt sich dann sehr deutlich, wenn man etwa durch Kontrollmechanismen die „Bahnen" einzelner Photonen festzulegen versuchen würde. Die Folge wäre dann der Verlust an Einfarbigkeit des Lichtes, verbunden mit der mehr oder minder vollständigen Zerstörung aller Interferenzerscheinungen, also der Intensitätsverteilung in der Auffangebene. Umgekehrt erfordert ungestörte Monochromasie und Interferenzfähigkeit des Wellenfeldes völligen Verzicht auf Vorherbestimmung von Ort und Zeitpunkt für das „Eintreffen" einzelner Lichtquanten in der Auffangebene! Teilchen- und Wellenaspekt des Lichtes sind „komplementär". Diese Situation überträgt sich mutatis mutandis z. B. auf einen Elektronen- oder Protonenstrahl, ja sogar auf die Bestimmung der Elektronenverteilung im Atom oder Molekül zu einem bestimmten Zeitpunkt. Hier ist es die „Belichtung" mit $\gamma$-Strahlung, die schließlich als „$\gamma$-Quanten-Hagel" zu einer mehr oder minder weitgehenden Unbestimmtheit des energetischen Zustandes des Mikroobjektes und der Impulse der einzelnen Teilchen führt, aus denen es besteht. Damit wird auch die scharf definierte, unveränderliche chemische Reaktionsfähigkeit des Atoms bzw. des Moleküls beeinträchtigt bzw. schließlich aufgehoben.

An dieser Stelle wird es unaufschiebbar, die fundamentale Rolle genauer zu erläutern, die das Wirkungsquantum, jene von M. PLANCK 1900 entdeckte Naturkonstante $h = 6{,}652 \cdot 10^{-34}$ Joulesekunden, für die Komplementarität spielt. Ohne $h$ sind die o. g. „Gebrauchsanweisungen" für die Beibehaltung klassischer Begriffe und Bilder in der Mikrophysik schlechterdings quantitativ nicht formulierbar! M. PLANCK konnte die Intensitätsverteilung im Spektrum der sog. schwarzen Strahlung auf statistische Thermodynamik nur unter der Bedingung zurückführen, daß die Energie, die zur Frequenz $\nu$ gehört, in höchst seltsamer Weise in *Energiequanten* $\varepsilon = h\nu$ aufgeteilt ist. Zunächst aber blieb $h$ als eine im Rahmen der klassischen Physik höchst befremdlich wirkende Größe ziemlich unverstanden. Am weitesten drang A. EINSTEIN, dessen Name meist nur in Verbindung mit seinen beiden Relativitätstheorien genannt wird, schon vor BOHR im Verständnis der Rolle von $h$ für die komplementären Eigenschaften von Strahlung vor, lange bevor der Begriff Komplementarität geprägt wurde. EINSTEIN leitete nämlich 1916 die berühmte PLANCKsche Strahlungsformel auf der Basis der Lichtquantenvorstellung neu und unabhängig von PLANCK höchst originell aus dem statistischen Gleichgewicht von Emissions- und Absorptions-Elementarprozessen ab. Hierbei erwies sich $h$, in Übereinstimmung mit der speziellen Relativitätstheorie und in Erweiterung der PLANCKschen Gleichung $\varepsilon = h\nu$, als Proportionalitätsfaktor zwischen Photoimpuls $p$ und Wellenzahl $k = \nu/c$: $p = hk$ ($c$ Lichtgeschwindigkeit). EINSTEIN und BOSE brachten damals die zur PLANCK-JEANSschen

Vorstellung eines elektromagnetischen Wellenfeldes im Strahlungshohlraum komplementäre Vorstellung eines „*Lichtquantengases*“ auf, das in diesem Hohlraum gewissermaßen eingesperrt ist. Dabei zeigte sich zum ersten Mal

1. die Bedeutung von $h$ als *Zellengröße* im sog. „Phasenraum“ der statistischen Teilchenmechanik und
2. das *Fehlen jeglicher Individualität* (Identität) bei Photonen: Sie sind nämlich nur zählbar, nicht benennbar oder sonst unterscheidbar. Solche „Objekte“ kannte die Physik bislang noch nicht.

Die Versuche der „Kopenhagener Schule“ um N. BOHR und der „Münchener Schule“ um A. SOMMERFELD, die stationären diskreten Zustände der Atome zu verstehen, enthüllt die grundlegende Bedeutung von $h$ für die o. g. „Gebrauchsanweisungen“: $h$ erwies sich allmählich immer mehr als „Universalschlüssel“ für das Verständnis der Komplementarität und damit der gesamten physikalischen Mikrowelt schließlich bis zur Physik der Atomkerne hin. Heute spricht man daher nicht mehr von „Mikrophysik“, sondern schlechthin von „Quantenphysik“. In der von N. BOHR und A. SOMMERFELD noch ohne Kenntnis des Materiellen-Phänomens damals aufgestellten „neuen Atommechanik“ konnten mittels $h$ „Zusatzbedingungen“ für die Bahnelemente der Elektronen in diesem reinen Teilchenmodell des Atoms aufgestellt werden. Sie führten beim H-Atom genau zu den empirischen, diskreten Energiestufen. Hiermit offenbarte sich $h$ als ein neues Ordnungselement, das die diskreten stationären Zustände der Atome und Moleküle durch ganze sog. „*Quantenzahlen*“ $n_k$ zu kennzeichnen und zuzuordnen gestattete. Wenn $p_k$ und $q_k$ ein Paar sog. „kanonisch konjugierter“, periodischer Variablen des klassischen Teilchenmodells des Atoms bedeuten, so lauteten diese Zusatzbedingungen nach BOHR und SOMMERFELD [2],

$$\oint p_k \, \mathrm{d}q_k = n_k h .$$

$\oint$ bezeichnete hier die Integration jeweils über eine volle Periode einer entsprechend zu wählenden, periodischen Koordinate $q_k$. In große Schwierigkeiten kam diese „naive“ Atommechanik indessen bei der Beschreibung des Energieaustauschs mit dem elektromagnetischen Strahlungsfeld: Die stetige Abgabe und Aufnahme von Strahlungsenergie konnte nach der MAXWELLschen elektromagnetischen Feldtheorie nur durch die Bahnbewegung und Umlaufsfrequenz der Elektronen jeweils in ihren stationären Zuständen bestimmt sein. In Wirklichkeit aber mußte sie nach den „BOHRschen Postulaten“ gerade unstetig mit dem Übergang zwischen zwei stationären Zuständen verknüpft sein! Die Spektroskopie hatte ein erdrückendes Erfahrungsmaterial beigebracht, nach dem die Atome und Moleküle gerade derartige „Termspektren“ aufweisen. BOHR überbrückte diese Diskrepanz bis zur Aufstellung einer „neuen Quantenmechanik" 1925 durch BORN, HEISENBERG und JORDAN [5] in genialer Weise durch eine Art doppelte Betrachtungsweise, die er „*Korrespondenzprinzip*" nannte und die von Komplementarität scharf zu unterscheiden ist. Dieses Prinzip, das seine heuristische Bedeutung bis zu einem gewissen Grade auch heute noch hat, erlaubt eine Analogisierung bzw. Zuordnung von quantentheoretischen Größen zu mit ihnen „korrespondierenden" klassischen [15, Zit. 2].

In dieser interimistischen Zwischenphase von etwa 15 Jahren Dauer (1912 bis 1927) zeigte sich nun, daß das Wirkungsquantum eindeutig eine *paarweise* Zuordnung von Begriffen der klassischen Physik stiftet, die BOHR schließlich „*komplementär*" nannte. Für solche Paare ist charakteristisch, daß die Dimension ihres Produktes die der Wirkung (Aktion) im physikalischen Sinne, also die von $h$ ist: Energie × Zeit, Impuls × Länge, Drehimpuls (dem dimensionslosen Drehwinkel zuzuordnen) u. a. Die Partner solcher „kanonisch konjugierten" Paare haben anschaulich und definitorisch meist überhaupt nichts miteinander zu tun. Sie stehen aber stets in einer durch $h$ bestimmten quantitativen Beziehung zueinander. Ausschlaggebend für BOHR, sie „komplementär" zu nennen, war, daß jeweils *beide* Partner benötigt werden, wenn eine *vollständige* Behandlung eines Quantenphänomens erfolgen soll. Sie stehen also im Verhältnis einer *Ergänzung* zueinander. W. HEISENBERG hat 1927 [6] mit Hilfe o. g. „Quantenmechanik" an dem Paar kanonisch konjugierter Impuls und Lagekoordinate nachgewiesen, daß $h$ für solche „Ergänzungspaare" eine sog. „Unschärfe-" oder „Ungenauigkeits"-Relation zur Folge hat. Die „Kopenhagener Schule" gebrauchte gern den — etwas problematischen — Ausdruck „Unbestimmtheitsrelation". Er besagt, daß komplementäre Größen $p$ und $q$, welche sie im einzelnen auch sein mögen, gleichzeitig nicht beliebig genau meßbar sind, sondern daß das Produkt ihrer — geeignet definierten — „Unschärfen" $\Delta p$ bzw. $\Delta q$ durch das Wirkungsquantum nach unten hin *limitiert* wird. Damit wurde eine meßtechnisch bzw. meßmethodisch sich auswirkende wichtige Eigenschaft von $h$ aufgedeckt. Natürlich geht „Unbestimmtheit" über bloße „Ungenauigkeit" wesentlich hinaus. Der Unterschied dürfte praktisch wenig ins Gewicht fallen, aber philosophisch-erkenntnistheoretisch erheblich sein. Wie bekannt, liegt hier ein Ansatzpunkt für die dialektisch-materialistische Kritik [7] am „physikalischen Idealismus" der Kopenhagener Schule, insbesondere C. F. v. WEIZSÄCKERS.

Die Unschärferelationen hatten für die sog. „naive" BOHR-SOMMERFELDsche Atommechanik einige bemerkenswerte korrigierende Konsequenzen:

1. Der Begriff „Bahn eines Elektrons" verliert auf Grund der Unschärferelationen zwischen Ort und Impuls im Atom völlig seinen Sinn. Dieses

würde im Grunde durch die Verschärfung des o. g. Korrespondenzprinzips [15] von BOHR zur BORN-HEISENBERG-JORDANschen „Matrizenmechanik" in die Atommechanik a priori mit den „Vertauschungsrelationen" (s. u.) „hineingesteckt" [12].

2. Der unstetige Übergang eines Mikrosystems zwischen den scharfen Energieniveaus der stationären Zustände, der sog. „Quantensprung" in alter Ausdrucksweise, wird durch die Unschärferelationen zwischen Energie und Zeit zum *Paradoxon*. Je schärfer nämlich die ausgesandte Spektrallinie ist, um so zeitlich ausgedehnter müssen der Emissionsprozeß des zugeordneten Energiequants und die Länge des ausgestrahlten Wellenzugs sein.
3. Es gibt auf Grund der Unschärferelation einen *kleinsten Drehimpuls* von der Größe $h/4\pi$ (Spin 1/2).
4. Jede physikalische Beobachtung *stört* das Mikrogeschehen. Das führt zur Untrennbarkeit bzw. zu einer *Relativierung* von *Objekt* und *Beobachtungsmittel* (nicht aber vom Beobachter als Individuum!), die im Gegensatz zur klassischen Physik in der Quantenphysik eine Einheit bilden. Beachtet man den Unterschied zwischen dem bloßen Beobachtungsmittel und dem Beobachter selbst, so wird man keineswegs notwendig zu einem „physikalischen Idealismus" bzw. zur „Subjektivität" der quantenphysikalischen Beobachtung bzw. zu einer Integration von Objekt und Subjekt geführt, wie gelegentlich behauptet worden ist [7].

Zum BOHRschen Komplementaritätsbegriff äußerte sich W. HEISENBERG 1975 [8], also 50 Jahre nach Aufstellung einer rationellen, das Wirkungsquantum a priori berücksichtigenden neuen Quantenmechanik, rückblickend und zusammenfassend noch einmal wie folgt:

„Der entscheidende Punkt in dieser neuen Deutung der Quantentheorie war die Begrenzung in der Anwendbarkeit der klassischen Begriffe. Diese Begrenzung ist in der Tat allgemein und wohldefiniert. Sie gilt für die Begriffe des Teilchenbildes wie Ort, Geschwindigkeit, Energie ebenso wie für die Begriffe des Wellenbildes, nämlich Amplitude, Wellenlänge, Dichte. Die Flexibilität des mathematischen Schemas illustrierte BOHRS Begriff der „Komplementarität". Durch dieses Wort Komplementarität wollte BOHR die Tatsache charakterisieren, daß ein und dasselbe Phänomen manchmal durch sehr *verschiedene*, möglicherweise sogar *widersprechende* Bilder beschrieben werden kann, die in dem Sinn komplementär sind, daß *beide* Bilder notwendig sind, wenn der Quantencharakter des Phänomens sichtbar gemacht werden soll. Die Widersprüche *verschwinden*, wenn die Begrenzung in den Begriffen in der richtigen Weise *eingerechnet* wird. So sprachen wir also über die Komplementarität zwischen Wellenbild und Teilchenbild oder zwischen den Begriffen Ort und Geschwindigkeit. In der späteren Literatur hat es Versuche gegeben, diesem Begriff der Komplementarität eine ganz präzise Bedeutung zu geben. Aber es entspricht zum mindesten nicht dem Geist unserer Diskussionen im Kopenhagen des Jahres 1927, wenn man den unvermeidlichen Mangel an Präzision in unserer Sprache mit äußerster Präzision beschreiben möchte.“ (Hervorhebungen durch den Verfasser.)

Im Extremfall kann es nach BOHR sogar zu kausal völlig determinierten Vorgängen kommen, die aber raumzeitlich dann völlig „unbestimmt“, genau gesagt „nicht fixierbar“ verlaufen, weil jede raumzeitliche Festlegung, z. B. von Elementarprozessen durch Beobachtung (Messung), den dynamisch-kausalen Ablauf in „nicht kontrollierbarer Weise“ stören würde [9]. Beispiel hierfür ist die „COMPTON-Streuung“ an freien oder nur schwach gebundenen Elektronen. Sie genügt genau wie der vollelastische Teilchenstoß in der Makromechanik dem Impuls- und Energiesatz, nur müssen jetzt Stoßzeitpunkt und Stoßort völlig offen bleiben! Umgekehrt bedeutet jede raumzeitliche Manipulierung („Lenkung“) von Quantenphänomenen *Störung* ihres dynamisch-kausalen Ablaufs, der dann nur nach *Wahrscheinlichkeitsgesetzen* vor sich gehen kann. Beispiel hierfür wäre eine scharfe „Momentaufnahme“ eines chemischen oder physiologischen, räumlich eng lokalisierten Prozesses, bei dem keine Einschränkung bezüglich der „Härte“ der verwendeten Strahlen, seien es nun $\gamma$-, $\alpha$-, Elektronen- oder Neutronenstrahlen, möglich ist. Hiermit hängt, wie man sofort sieht, der „bionegative“ Charakter extrem genauer Feinstrukturbestimmungen, z. B. an lebendem Gewebe, engstens zusammen, also die Unmöglichkeit, *Lebensvorgänge ungestört beliebig genau verfolgen* zu können.

Wie aus dem bisher Gesagten wohl eindeutig hervorgehen dürfte, ist es die endliche, nicht mehr, wie in der klassischen Physik, die zu vernachlässigende Größe $h$, die jene neue Situation auf dem Felde der physikalischen Beobachtung und ihres theoretischen Verständnisses schafft, die N. BOHR mit Komplementarität zu kennzeichnen versuchte. Er hat sich 1936 in einem Artikel „Kausalität und Komplementarität“ hierzu selbst ausführlich geäußert [10].

Nach all dem Gesagten wäre es wohl sinnvoll, das Wirkungsquantum als *„Element des physikalischen Geschehens“* zu bezeichnen.

Wie schon oben erwähnt, hatte A. EINSTEIN 1905 bzw. 1907 eine erste *dualistische* Theorie in der Physik gegeben, nämlich für Licht aller Wellenlängen. Er konnte sich dabei einerseits auf die lange bekannten optischen Interferenzerscheinungen, andererseits auf den von H. HERTZ entdeckten fotoelektrischen Effekt stützen. Hiernach sind Lichtquanten und elektromagnetische Lichtwellen verschiedene Seiten ein und desselben ganzheitlichen Phänomens. L. DE BROGLIE kam um 1924 auf die geniale Idee, die seit Jahrzehnten studierten Korpuskularstrahlungen kondensierter Materie (Elektronen, Protonen, $\alpha$-Teilchen u. a.) könnten umgekehrt mit einem — bislang noch unentdeckt gebliebenen — Wellenphänomen („ondes de phase") verbunden sein. E. SCHRÖDINGER griff 1925 diesen Gedanken auf und entwickelte als Pendant zur elektromagnetischen Strahlungstheorie eine dualistische Theorie der kondensierten Materie [11]. Sie stellte sich sehr bald als mathematisch „homomorph" in all ihren Schritten und Konsequenzen mit der o. g. BORN-HEISENBERG-JORDANschen Matrixmechanik gebundener Systeme (Atome, Moleküle, Kristalle) heraus, führte aber wesentlich weiter. Auf das Geratewohl führte SCHRÖDINGER nämlich eine hypothetische skalare *Feldgröße* („SCHRÖDINGERscher Feldskalar", „Wellenfunktion") ein, für die es zunächst keinerlei empirische Anhaltspunkte gab. War die Matrixmechanik von BORN und HEISENBERG auf dem Teilchenaspekt der Materie aufgebaut, und konnte sie den Dualismus Welle—Teilchen explizit noch eben ignorieren, machte diese „Wellenmechanik" SCHRÖDINGERS gerade diesen zu ihrem Hauptanliegen. Sie gestattete überdies, auch offene Systeme, z. B. die Streuung von freier Materiestrahlung an Atomen oder in Kristallen, zu behandeln. 1928 wurden schließlich die hypothetischen „*Materiewellen*" von DAVISSON und GERMER tatsächlich entdeckt, und die DE BROGLIEsche Gleichung zwischen Teilchenimpuls $p$ und Materiewellenlänge $\lambda$, $p = h/\lambda$, wurde empirisch bestätigt.

Mit dem komplexwertigen „Feldskalar $\psi$" führte SCHRÖDINGER eine völlig neue Auffassung der physikalischen Größe, nämlich als linearen „hermiteschen" *Operator*, der auf $\psi$ wirkt, und zugleich einen neuen *Zustands*begriff in die Atomphysik ein. Dieses entspricht sehr weitgehend zwei fundamentalen Umständen, die bei jeder Messung im Mikrobereich auftreten:

1. Messung ist ein *operativer* Vorgang.
2. Eine Messung hinterläßt im allgemeinen eine *Veränderung* des Zustandes des Systems (von $\psi$), die in der klassischen Physik als unbedeutend ignoriert wird, in der Quantenphysik aber, von *statistischem* Charakter, berücksichtigt werden muß.

Die fundamentalen „Vertauschungsrelationen" der Matrixmechanik [4]

$$p_k q_l - q_l p_{pk} = \frac{h}{2\pi i}\,\delta_{kl}\mathcal{E}\,,$$

mit Einheitsmatrix

$$\mathcal{E} = \begin{pmatrix} 1 & 0 & \ldots & 0 \\ 0 & 1 & \ldots & 0 \\ \ldots & & \ldots & \ldots \\ 0 & 0 & \ldots & 1 \end{pmatrix}$$

und KRONECKER-Symbol

$$\delta_{kl} = \begin{cases} 1 \\ 0 \end{cases} \text{für} \begin{cases} k = l \\ k \neq l \end{cases},$$

zwischen kanonisch konjugierten Größen $p_k$ und $q_k$ eines klassischen Systemmodells (z. B. dem BOHRschen Atommodell des Wasserstoffs) werden auf Grund der Auffassung von $p$ und $q$ als Differentialoperatoren

$$p_k = \frac{h}{2\pi i} \frac{\partial}{\partial q_k} \quad \text{für} \quad \psi = \psi(q) \text{ bzw.}$$

$$q_k = -\frac{k}{2\pi i} \frac{\partial}{\partial p_k} \quad \text{für} \quad \psi = \psi(p)$$

per definitionem identisch für alle Funktionen $\psi(q)$ bzw. $\psi(p)$ erfüllt, z. B.

$$(p_k q_l - q_l p_k)\, \psi(q) = \frac{h}{2\pi i} \left( \frac{\partial}{\partial q_k} q_l - q_l \frac{\partial}{\partial q_k} \right) \psi(q) = \frac{k}{2\pi i} \delta_{kl} \psi(q).$$

Die Unschärferelation zwischen den mittleren Streuungen

$$\Delta p = \sqrt{\overline{(p - \overline{p})^2}}, \quad \Delta q = \sqrt{\overline{(q - \overline{q})^2}} \quad (\overline{p}, \overline{q} \text{ u.s.w. Mittelwerte})$$

ergibt sich als Lösung eines Variationsproblems bzgl. $\psi(q)$ mit

$$\delta\{(\Delta p)^2 (\Delta q)^2\} = 0.$$

$$\text{Minimum } (\Delta p \cdot \Delta q) = \frac{h}{4\pi}, \quad \text{also} \quad \boxed{\Delta p \cdot \Delta q \geqq \frac{h}{4\pi}}.$$

Dies ist die Unschärfe- bzw. Unbestimmtheits-Relation nach W. HEISENBERG mit der Normierung

$$\int dq \psi^*(q)\, \psi(q) = \langle \psi \mid \psi \rangle = 1.$$

(Siehe hierzu auch den Beitrag von W. BUCHHEIM in [18]).

Nach M. BORNS „statistischer Deutung" von $\psi$ bedeutet

$$E(F) = \int dq \psi^*(q)\, \{\mathcal{F} \psi(q)\} = \langle \psi | \mathcal{F} | \psi \rangle$$

den *Erwartungswert* der Größe $F$ im Zustand $\psi(q)$ mit $\psi^*(q)$ zu $\psi(q)$ (konjugiert komplex); $\int dq$ Integration über alle Parameter $q$, von denen $\psi(q)$ abhängt, über deren vollständigen Erklärtheitsbereich.

Mit $\psi$ wird ein *neuer Zustandsbegriff* in die Mikrophysik eingeführt, der in der klassischen Physik nicht seinesgleichen hat. Meßwerte $F$ observabler Größen sind also über ihren zugeordneten Operator $\mathcal{F}$ jeweils nur für einen bestimmten Zustand $\psi$ als Erwartungswert $E$ im Sinne der Statistik definiert.

Die Operatoren $\mathcal{F}$ zu physikalischen Observablen können im allgemeinen *klassischen* Modellen entnommen werden. Sie müssen hierbei „*hermitesch*" [17] gewählt werden, d. h., es muß gelten

$$\int \mathrm{d}q\psi^*(q) \cdot \{\mathcal{F}\psi(q)\} = \int \mathrm{d}q\psi(q) \{\mathcal{F}^*\psi^*(q)\},$$

da die Erwartungswerte $F$ reelle Zahlen sein müssen. $\psi(q)$ genügt einer partiellen Differentialgleichung 1. Ordnung hinsichtlich $t$, die sich eindeutig aus der HAMILTON-JACOBIschen Gleichung eines zugeordneten klassischen Makromodells ableiten läßt, der berühmten „SCHRÖDINGERschen *Differentialgleichung*" eines quantenphysikalischen Vorganges oder Systems.

In dieser „Wellenmechanik" nach E. SCHRÖDINGER [3], [10] wird ein Zustand, der nicht notwendig ein „stationärer" (d. h. ein sog. „Eigenzustand" der Energie) zu sein braucht, im allgemeinen ein „*Gemisch*" von Eigenzuständen sein. Das heißt, die repräsentierende Wellenfunktion ist eine *Linearkombination* von Lösungen der SCHRÖDINGER-Gleichung, die miteinander interferieren. Jede Messung einer Observablen $\mathcal{F}$ liefert im allgemeinen nur einen Erwartungswert bzgl. $\psi$ und führt zur Bildung eines Gemisches, es sei denn $\psi$ ist *Eigenzustand* von $\mathcal{F}$. Dann — und nur dann — ist der Erwartungswert gleich einem Eigenwert, und $\psi$ „Eigenfunktion" von $\mathcal{F}$. Da alle Meßoperationen quadratische (hermitesche) Bildungen in $\psi$ sind, ist die Reaktion des Systems auf eine Messung nicht einfach mehr durch die Summe von Einzelreaktionen darstellbar, sondern *Interferenz* der Mischungspartner verursacht zusätzliche objektivierbare Effekte. Man kann deshalb sagen, die Reaktion des Ganzen ist mehr als die gemittelte Gesamtheit der entsprechenden Reaktionen der Partner. Symbolisch ausgedrückt gilt für den Erwartungswert der Größe $F$ im Zustand

$$\psi = \sum_i a_i\psi_i \quad \text{mit} \quad \langle\psi_i \mid \psi_i\rangle = 1$$

$$E(F) = \langle\sum_i a_i\psi_i| \mathcal{F} | \sum a_k\psi_k\rangle$$

$$= \sum_i |a_i|^2 \langle\psi_i| \mathcal{F} |\psi\rangle + \sum_{i \neq k}\sum (a_i{}^*a_k + a_ia_k{}^*) \langle\psi_i| \mathcal{F} |\psi_k\rangle.$$

Die Einfachsumme stellt eine *Mittelung* im klassischen Sinne, die Doppelsumme dagegen die Wirkung wellenmechanischer *Interferenz* dar. Das Gemisch

$\psi = \sum_i a_i \psi_i$ repräsentiert eine mit den einzelnen $\psi_i$ gleichberechtigte (aber nicht identische!) „potentielle“ Situation, solange nicht etwa durch irgendeinen fixierenden Eingriff eine Entscheidung darüber getroffen wird, welches (oder welche) $\psi_i$ das Gemisch „faktisch“ bilden. Bis dahin reagiert das System auf alle physikalischen Einwirkungen gemäß Mitnahme der wellenmechanischen Interferenzglieder. Die Glieder der Einfachsumme bedeuten eine statistische Mittelung z. B. über Eigenwerte $F_i$ gemäß $\mathcal{F}\psi_i = F_i\psi_i$, falls die $\psi_i$ auf Eins normiert sind, wie vorausgesetzt, und die Phasenbeziehungen zwischen den Gemischpartnern aufgehoben sind (was z. B. gerade durch Messung geschieht). Die $|a_i|^2$ bedeuten dann Wahrscheinlichkeiten für das Auftreten des Mischungspartners $i$. Nur wenn die $\psi_i$ Eigenfunktionen von $\mathcal{F}$ sind, ist der Erwartungswert ein *gewogenes arithmetisches Mittel* der Eigenwerte $F_i$ mit den stets positiven Zahlen $|a_i|^2$ als Gewichten. Die konkrete Messung von $F$ liefert dann im Einzelfalle jeweils einen solchen Eigenwert.

Was also die Quantenphysik von der klassischen Physik drastisch unterscheidet, ist, daß die Unentschiedenheit im Mischungsverhältnis von Einzelzuständen in einem Gemisch in der Quantenphysik gewissermaßen ein „tertium non exclusum“ darstellt, das in der klassischen Physik völlig fehlt. Diese könne, wie man gesagt hat, deshalb mit der „zweiwertigen“ (aristotelischen) Logik völlig bewältigt werden, die Quantenphysik dagegen nicht. Sie erfordere „dreiwertige“ Logik. Das „Sowohl als auch“, die Unentschiedenheit zwischen zwei (oder mehreren) bloßen Möglichkeiten hat den Rang einer *objektiv gegebenen* Situation und nicht mehr nur den einer bloßen Wissens- oder Kenntnislücke, die ohne objektivierbare Auswirkungen bleibt wie in der klassischen Physik [10], [11]. Eine weitere eigentümliche, die Quantenphysik von der klassischen unterscheidende Konsequenz ist, daß die Unvertauschbarkeiten zweier kanonisch konjugierter Parameter dazu führt, daß der Erwartungswert ihres Produktes nicht dem Produkt ihrer Erwartungswerte gleich ist, sondern von der Reihenfolge ihrer Bestimmung abhängt. Dergleichen tritt in der klassischen Physik niemals auf.

Der mit der $\psi$-Funktion eingeführte neue physikalische Zustandsbegriff und die Auffassung von Observablen als Operatoren, die auf $\psi$ einwirken, hat u. a. folgende, sehr weitreichende Konsequenzen:

1. Viele Eigentümlichkeiten des Mikrogeschehens und Effekte, die klassisch betrachtet völlig unbegreiflich sind, werden verständlich. Die Übereinstimmung der Theorie mit der Erfahrung gelangt zu einer im Atomaren bislang noch nie erreichten Präzision. Dieses betrifft insbesondere z. B.

a) die Existenz bevorzugter *„stationärer“ Energieniveaus* bei Atomen und Molekülen;

b) die wohldefinierte *Größe, Struktur und Stabilität* sowie die permanenten *chemischen* Eigenschaften der Atome und Moleküle;

c) die Eigenschaften der *zusammenhängenden* Festkörper, wie elektronische Leitfähigkeit, Ferro- bzw. Antiferromagnetismus, Supraleitfähigkeit u. a.

2. Alle Komplementaritätseigenschaften physikalischer Größen werden a priori durch die Definition ihnen zugehöriger Operatoren bzgl. $\psi$ garantiert, in die das *Wirkungsquantum eingearbeitet* ist. Damit ist die Komplementarität im quantenphysikalischen Kalkül automatisch (quasi per definitionem) wirksam. Es ist also fortan nicht mehr nötig, von ihr expressis verbis zu sprechen. Sie ist durch den mathematischen Formalismus gleichsam in eine höhere Ebene „aufgehoben". Tabelle 1 zeigt die stufenweise fortschreitende Präzisierung der Rolle von $h$ und damit die Verarbeitung des Komplementaritätsbegriffs mit der Entwicklung des sog. „mathematischen Apparats" der Quantentheorie seit etwa 1920. Am Beginn steht die „Quantelung" der Phasenintegrale $\oint p_k \delta q_k$, von denen schon eingangs (S. 6) die Rede war (Tabelle 1, Punkt 1), und zwar in der BOHR-SOMMERFELDschen, sog. „naiven" Atommechanik, gekennzeichnet durch eine naive, noch völlig unkritische Übertragung der klassischen Massenpunkt-Dynamik ins Atomare, jedoch unter Einschränkung der Integrationskonstanten atomarer „Planetenbahnen" auf gewisse *diskrete*, durch $h$ festgelegte Werte. Rückwärtsblickend sehen wir heute darin erste behelfsmäßige Versuche, die *Wellennatur* der Materie mittels der DE-BROGLIE-Wellenlänge $\lambda$ ins Spiel zu bringen und die stationären Energiestufen über eine Interferenz dieser Wellen mit sich selbst zu verstehen. Den nächsten Schritt (Punkt 2) vollzogen BOSE und EINSTEIN mit dem Hineintragen von $h$ als Zellengröße in den kanonischen Phasenraum der statistischen Mechanik sehr vieler identischer Einzelteilchen. Die Wellennatur der Materie macht es nämlich sinnlos, diesen Raum feiner als in Zellen der Größe $h$ einzuteilen. Die im BOHRschen „Korrespondenzprinzip" zwischen klassischen und quantentheoretisch begründeten Aussagen geforderte Entsprechung fand 1925 durch die Aufstellung der sog. *„Matrix-Mechanik"* durch HEISENBERG, BORN und JORDAN (Punkt 3) eine exakte Formulierung. Die Darstellung kanonischer Variablen durch *unvertauschbare Matrizen*, deren Unvertauschbarkeitsgrad durch $h$ bestimmt ist, zeigt, daß sich ein neues Verständnis der physikalischen Größe, nämlich als *Operation*, anbahnt. DE BROGLIE und SCHRÖDINGER (Punkt 4) führten schließlich mit der $\psi$-Funktion als Zustandsrepräsentanten den Gegenstand dieser Operation ein. Sie waren jetzt explizit, z. B. als Differentialquotienten, in ihrer Unvertauschbarkeit evident gemacht, und ein Bildungsgesetz für die Operatoren war gegeben, die einer beliebigen Größe in einem klassischen „Modell" eindeutig zuzuordnen sind. Damit wurde (Punkt 5) der Weg für eine relativisch-kovariante „Quan-

ten-Feldtheorie" nach DIRAC, JORDAN, WIGNER u. a. eröffnet, in der die Anpassung der Theorie in das optimal Beobachtbare erfolgen kann.

3. Der eigentliche „mikrophysikalische Dualismus" besteht in dieser Sicht im komplementären Charakter kanonisch konjugierter Parameter, die aus klassischen Modellen zu entnehmen sind. Der Welle-Teilchen-Dualismus erscheint verallgemeinert im Gegensatz zu *ψ-Feld* und *Operation auf ψ*. Er führt dann u. U. zu Größen, die in der klassischen Physik überhaupt keine Analoga haben, z. B. zu „*Erzeugungs*"- und „*Vernichtungs-Operatoren*" (s. Tabelle 1, Punkt 5) u. a.

Tabelle 2 zeigt, welche Konsequenzen diese „Aufhebung der Komplementarität" in dem neuen, mathematisch begründeten Begriffsschema der Quantentheorie gezeitigt hat, in welchem von Komplementarität expressis verbis nun nicht mehr die Rede ist, und wichtige, stets stillschweigend unterstellte Voraussetzungen der klassischen Physik eben „mitaufgehoben" sind! Es zeigt sich hier, wie eng der Begriff des Komplementären an die Existenz kanonisch konjugierter (∞-Zeichen in der Tabelle) Variablen eines klassischen Modells gebunden ist. Mit der Auffassung aller solcher auf klassisch-anschauliche Weise eingeführter Modellparameter als Operationen auf eine gewissermaßen nun „hinter" das Modell verlegte Zustandsfunktion, die mit deren Wirkungsfunktion nach HAMILTON in Verbindung steht, verwandelt sich die anschauliche Komplementarität in eine „Reziprozität" der Operationen. Der Größe $p$ zu $q$ wird die Operation $\partial/\partial q$ zugeordnet, und $h$ bildet als Proportionalitätsfaktor (Schritt 4) nur die „reziproke" Brücke zwischen beiden. Damit wurde eine äußerste Abstraktion von der speziellen physikalischen Bedeutung der kanonischen Variablenpaare erreicht, und zugleich auch eine — theoretisch unbeschränkte — Ausdehnung im Gebrauch des Wirkungsquantums $h$. Der Umgang mit dieser Naturkonstanten ist in diesem Schema nun gleichsam so weit automatisiert, daß es keiner Erörterung der wechselseitigen Einschränkungen in der simultanen Beobachtbarkeit, d. h. der Bestimmbarkeit von Maßzahlen, mehr bedarf. Andererseits ist ein empfindlicher — von vielen beklagter — Verlust an Anschaulichkeit eingetreten, denn an Stelle eines klassischen, in Vokabeln der Makrowelt beschreibbaren Modells irgendwelcher Art ist ein neues, zumeist als „rein mathematisch" empfundenes, Modell aus Operatoren im HILBERT-Raum getreten. Dieser Verlust könnte, wohlgemerkt, innerhalb der Quantenphysik insofern als Gewinn verbucht werden, als sich damit Komplementarität im ursprünglich BOHRschen Sinne in der Tat bis zu einem gewissen Grade „erledigt" hat, indem sie dem „naiven", heute überwundenen Stadium der Quantenphysik zuzuordnen wäre.

Dieser „Quasi-Annullierung" der Komplementarität im *Formal-Theoretischen* steht aber nach wie vor die Bestrebung gegenüber, die Ergebnisse der Theorie in den *konventionellen* Alltagssprachen ausdrücken zu können und damit Experimentatoren, Ingenieuren und anderen Anwendern der Quantenphysik verständlich machen zu können.

Mit dem letzten Punkt tangiert die Komplementarität das Problem der *Ausdrucksmittel*, insbesondere der „Sprache“. Gelegentlich ist eine der Quantenphysik angepaßte *Kunstsprache* gefordert worden. Hierzu äußerte sich W. HEISENBERG [8] 50 Jahre nach Aufstellung der Quantenmechanik wie folgt: „Es hat (andere) Versuche gegeben, die traditionelle Sprache der Physik mit ihren *klassischen* Begriffen für die Beschreibung der Phänomene durch eine *neue* Sprache zu ersetzen, die dem mathematischen Formalismus der Quantentheorie besser angepaßt ist. Tatsächlich haben in den vergangenen 50 Jahren die Physiker es vorgezogen, die *traditionelle* Sprache zur Beschreibung ihrer *Experimente* zu benutzen mit dem Vorbehalt, daß die Grenzen, die durch die *Unbestimmtheitsrelation* gesetzt sind, immer bedacht werden müssen. Eine präzisere Sprache hat sich nicht entwickelt, und sie ist wohl auch tatsächlich nicht nötig.“ (Hervorhebungen durch den Verfasser.)

Nach HEISENBERG sollte also auf das Sprechen in komplementären Ausdrücken praktisch nicht verzichtet werden, um Nichteingeweihten gegenüber verständlich zu bleiben und Ergebnisse der Quantenphysik experimentell prüfbar machen und praktisch anwenden zu können. Es fragt sich dann freilich, inwieweit die Eindeutigkeit der Übertragung aus der mathematischen Symbolsprache in die konventionellen Wortsprachen gerade in schwierigen Fällen noch gewährleistet ist.

Damit, daß Komplementarität als Ausdrucksform in jenem Stadium unentbehrlich war, bleibt das, was ihr zugrunde liegt, nämlich die Existenz von $h$ als eines *„Elements des physikalischen Geschehens“*, völlig unberührt. Wenn auch das Wort Komplementarität nach H. G. SCHÖPF [3] als eine von BOHR gebrauchte begriffliche „Waffe in seinem unablässigen Kampf um das Verständnis der frappierenden Novitäten der neuen Physik“ verstanden werden mußte und damit vielleicht nur eine Episode in der Entwicklungsgeschichte der Physik bezeichnet, so bleibt doch die Tatsache, daß es „reziproke“ Operationen mit dem Ziel von Wahrnehmung oder Erkenntnis gibt, die ein gewisses Maß von Unverträglichkeit miteinander aufweisen, ein Umstand, der weit über die Quantenphysik hinausweist, wie N. BOHR zweifellos richtig empfand. Er selbst gab in dieser Hinsicht beachtenswerte Hinweise, denen zu folgen noch immer lohnend sein dürfte, und einige — auf den ersten Blick jedenfalls — eindrucksvolle Beispiele *außerhalb* der sog. exakten Naturwissenschaft.

## B) Der Bohrsche Komplementaritätsgedanke als Fragestellung außerhalb der sog. exakten Naturwissenschaft

Obige Bemerkung von W. HEISENBERG läßt sich auch so verstehen, daß überall dort, wo kein Rückgriff auf einen „Kalkül" nach dem Muster der Quantentheorie möglich ist, Komplementarität doch ihren Sinn für die *verbale* Verständigung über Ganzheiten in *komplementären Metaphern* behält. In diesem Sinne war N. BOHR der Überzeugung, daß Komplementarität ein sehr allgemeiner Zug der Wirklichkeit überhaupt sei, den wir vielfach unbewußt berücksichtigen und der sich schließlich nun auch in der Physik durch die Auffindung eines Wirkungsquantums unerwartet bemerkbar gemacht habe. Wenn man diese Überzeugung, für die BOHR bekannte und recht überzeugende Beispiele anführt, teilt, so liegt es als nächster Schritt nahe, nach Komplementarität außerhalb von Physik und Chemie zu *suchen*. Das vielleicht bekannteste Beispiel hierfür ist BOHRS Bemerkung, daß der Mensch „im großen Drama des Lebens sowohl Mitspieler als auch Zuschauer sei", aber nicht beide Rollen zugleich spielen könne! Auch BOHRS Bemerkungen über ein limitierendes Walten von Komplementarität im Somatischen bzw. Psychosomatischen, das besonders der Arzt zur Kenntnis nehmen müsse, betreffen die gegenseitige Einschränkung, die in den Unschärferelationen zum Ausdruck kommt. Dem Physiologen ist geläufig, daß Bestimmung von organischen Strukturen und gleichzeitige Aufrechterhaltung von ungestörten Lebensvorgängen nur eingeschränkt miteinander vereinbar sind. „Je töter die Katze, um so besser der Versuch" pflegte B. LUEKEN im Scherz seinen Studenten zu sagen. W. HEITLER [14], einer der Begründer der Quantenchemie, sprach deshalb von einer „Komplementarität lebloser und lebender organischer Materie", womit er wohl im Grunde das Gleiche meinte, freilich in nicht recht zulässiger Weise Komplementarität mit den alternativen Zuständen von Objekten schlechthin identifizierte („tot" — „lebendig"). N. BOHR glaubte an eine Komplementarität bis weit in geisteswissenschaftliche, ja religiöse Bereiche hinein, indem er z. B. den Weltreligionen die Erkenntnis von Teilwahrheiten zuschrieb, die sich hinsichtlich ihrer Erlangung komplementär zueinander verhielten, und indem er in der Ethik eine Komplementarität zwischen Gerechtigkeit und Barmherzigkeit erkannte.

Mißlich für die Aufsuchung von Komplementarität außerhalb der Quantenphysik in der Folgezeit blieb, daß auch N. BOHR keine universelle und uneingeschränkt brauchbare Definition von Komplementarität gegeben hat (s. o. g. Zitat von H.-G. SCHÖPF), andererseits aber in allen Disziplinen „*Komplementationen*" (Komplementierungen) zahlreich zu finden sind. Unter solchen verstehen wir bloße Ergänzungen, denen die gegenseitige Einschränkung ihrer

Gewinnungs- bzw. Erkennungsbedingungen nach dem Muster von Unschärferelationen *fehlt*. Der Prototyp, der unglücklicherweise gerade den Terminus Komplementarität lieferte, sind die bekannten Komplementärfarben. Sie ergänzen sich bei Mischung zu Weiß oder Grau, sind aber im Spektrum als Komponenten völlig unabhängig voneinander erzeugbar und beobachtbar (meßbar). Doch sei bemerkt, daß das Phänomen „Farbe", Licht und Farbigkeit als Ganzes genommen, ein echtes Komplementaritätsproblem aufweist, das der bekannten unerquicklichen Farbenlehre-Polemik GOETHES gegen NEWTON zugrunde gelegen haben dürfte, nämlich die Komplementarität zwischen dem objektiv-physikalischen und dem subjektiv-psychischen, physiologisch bedingten Aspekt des Phänomens. GOETHE wollte bekanntlich diesen allein gelten lassen und verteidigte hartnäckig, und um der Wahrung der Komplementarität willen sogar mit Recht, dessen Bedingungen, indem er den bloßen physikalischen Umgang NEWTONS mit Licht bereits leidenschaftlich ablehnte. Denn dieser, auf Farbmetrik, Farbobjektivierung, also den *Effekt* im Sinne der Physik, abzielend, verhindert gerade das, worauf es GOETHE ankommt und umgekehrt: GOETHES „Einswerdung mit dem Phänomen", das ungestörte reine *Erlebnis*, das durch Analyse von und metrische Aussagen über Farben und Farbigkeit, über *Effekte* im Sinne der Physik, weitgehend unmöglich gemacht wird![1]) Dieses Beispiel scheint uns insofern lehrreich, als es zeigt, daß Komplementarität an der Grenze zwischen Physik und anderen Disziplinen auftreten kann, wobei die beiden komplementären Aspekte sich von *verschiedenen* Wissensgebieten aus darbieten. Diese Situation scheint z. B. auch zwischen Physik und allgemeiner Biologie bzw. Medizin und anderen an die Physik angrenzenden Wissenschaften zu bestehen und, wie BOHR schon selbst bemerkt hat [10], jeweils sehr eng durch deren *Methodik* bedingt zu sein. Wahrscheinlich wiederholt sich hier, vielfältig und mutatis mutandis, die rein physikalische Situation, die oben für einen Strahlungsstrom irgendwelcher Art bezüglich der Elementarakte, die er auslöst, und bezüglich seiner Ausbreitung im Raume geschildert wurde.

Was jene o. g. „angrenzenden" Disziplinen anlangt, die es alle noch mit „materiellen Objekten" in irgendeinem Sinne zu tun haben, so wurde die Sichtung von Komplementarität und die Ausschau nach ihr aufgehalten oder vielleicht sogar z. T. verhindert durch über längere Zeit bestehende Meinungsverschiedenheiten [7] über die Deutung des o. g. „quantenmechanischen Formalismus" unter den Physikern selbst. Mit der Operatorauffassung der physikalischen Größen ist zwar die Rolle von $h$ *präzisiert*, und seine Be-

[1]) Vgl. hierzu H. HÖNL, Nachwort zu Goethes Farbenlehre, in: J. W. GOETHE, Poetische Werke und Schriften, Bd. 22. Cottasche Verlagsbuchhdlg. Nachf. Stuttgart 1963. Hier wird Komplementarität zwar nicht expressis verbis, aber dem Sinne nach angesprochen.

rücksichtigung gewissermaßen automatisiert, *h* ist aber *keineswegs eliminiert* worden! Es erübrigte sich lediglich, nun von Komplementarität noch expressis verbis zu sprechen. Das leistete dem Irrtum Vorschub, die Komplementarität habe sich sogar für die Atomphysik selbst wieder „erledigt". Die von BOHR aufgezeigte Situation außerhalb der Physik ist m. E. aber völlig unverändert, nur das — von ihm so meisterhaft geübte — Jonglieren mit einem etwas schillernden, flexiblen Begriff zu heuristischen Zwecken hat sich für die Physik allerdings überlebt. Ungeachtet von Divergenzen, die ihre Wurzeln zutiefst im Philosophisch-Erkenntnistheoretischen [7] haben (s. auch den Vortrag von E. RUDOLPH [20]), sollte man den von BOHR gegebenen Hinweisen noch immer — oder gerade wieder! — folgen, weil die Aktualität des Problems in Wahrheit durch eine Art „Separatfrieden" auf dem Boden der Physik nur verdeckt, aber nicht aufgehoben worden ist.

Wegweisend in dieser Hinsicht ist eine Art „Transformation" der BOHRschen Komplementarität in eine solche von *Individualität und Wechselwirkung* nach L. DE BROGLIE [15], weil dieses Begriffspaar weit über die Physik hinaus Gültigkeit behält, das Komplementaritätsproblem aber damit explicite vom Wirkungsquantum gelöst und bis in *makroskopische* Bereiche hinein formulierbar gemacht wird. Nach DE BROGLIE erscheinen Individualität von Teilen und deren Gesamtheit, wenn diese zu einem Ganzen zusammentreten, als komplementär, sofern dieser Zusammentritt mit nur quantenphysikalisch zu beschreibender Wechselwirkung verbunden ist. Uneingeschränkte Kenntnisnahme der individuellen Züge („Strukturen") eines Ganzen ist also mit Wechselwirkungen unvereinbar, wenn diese mit „Überlappung" ihrer $\psi$-Funktionen verbunden sind. Umgekehrt wird beim Zusammentritt von Teilsystemen zu einem Gesamtsystem („Ganzen") notwendig der maximal erzielbare Gewinn an Information über diese Teile um so geringer, je umfassender und stärker die Wechselwirkungen sind, die jenes Ganze ausmachen. Also nur zunehmend isolierte, aus ihrer „Wechselwirkungs-Umwelt" herausgelöste Teile, sind beliebig genau analysierbar („beschreibbar"), im Extremfall nur temporär und dann nur um den Preis ihrer eigenen völligen Desintegration zu Elementarteilchen. Treten aber umgekehrt solche noch individualisierbaren „Bausteine" durch Wechselwirkungen, gleichviel, welcher Art, zu einem Ganzen zusammen (wie z. B. Atome zu einem Molekül oder einem Kristallgitter, Moleküle zu Genen usw., schließlich lebende Zellen zu Organismen), so geht nach DE BROGLIE ihre Kennzeichenbarkeit, im Extremfall sogar ihre Individualität (Unterscheidbarkeit), verloren. Dafür weist das entstehende Ganze aber neue, den Teilchen *nicht inhärierende* Züge und aus ihren Attributen nicht erklärbare Eigenschaften als Folge von *Wechselwirkungen* auf. Dieses alles sind tiefwurzelnde Konsequenzen des von SCHRÖDINGER eingeführten $\psi$-Feldes und des neuen Zustandsbegriffs der Quantenphysik.

In der DE BROGLIEschen Fassung scheint die BOHRsche Komplementarität weit über das eigentlich mikrophysikalische Geschehen hinauszureichen. Das Wirkungsquantum tritt dann als limitierende Größe, wie sonst überall in der eigentlichen Mikrophysik, *explicite* nicht mehr in Erscheinung. „Teil" und „Ganzes" bilden dafür ein neues, quasi-dialektisches, im Verhältnis der Komplementarität zueinander stehendes Begriffspaar. So verallgemeinert müßte Komplementarität sich nämlich von den „Elementarteilchen" der Kernphysik und ihren Verbundsystemen, den Atomkernen, über die Chemie, die Kristall- und Makromolekülphysik, Biophysik, Biochemie, Physiologie, Biologie, Ökologie usw. und über die organischen Lebensträger schließlich bis in die Medizin, Psychologie, Soziologie, Verhaltensforschung usw. auswirken, ohne daß die Spur des Wirkungsquantums $h$ noch erkennbar wäre.

Diese Sicht eröffnet weite überdisziplinäre Perspektiven, wie BOHR selbst mehrfach, meist nur in kurzen Aperçus, angedeutet hat. Manche sprachen daher von der Komplementarität bereits als einer neuen „Denkstruktur" [16]. Ich möchte sie nur als neue „Erkenntnisform" bzw. als universale „Kategorie" von Ergänzung gelten lassen, womit freilich ihr objektiver, im Mikrophysikalischen letztenendes durch $h$ verbürgter Kern, verlorengehen, und sie dann leicht in den Geruch des Nur-Subjektiven, Verbalen geraten kann. Komplementarität wäre dann gleichsam nur eine Weise, dialektisch über die Dinge zu reden. Das ist sie aber auf dem Boden der Naturwissenschaft jedenfalls gerade nicht! Die Frage ist heute immer mehr die, inwieweit das auch außerhalb von ihr zutrifft.

Bei einer solchen Fragestellung treten sehr ernste Schwierigkeiten auf, die zwar die Physik unter Einschränkung auf ihren ureigensten Geltungsbereich gemeistert hat, die sich aber sofort wieder einstellen, wenn die Grenzen der Anwendbarkeit von Mathematik überschritten werden. Es muß dann auf die *verbale* Ebene zurückgekehrt werden, auf der ja auch BOHR zunächst hatte beginnen müssen. Vor allem muß eine *überdisziplinär anwendbare, verbale Definition* von Komplementarität gefunden werden, die es gestattet, überall zahlreich auftretende mehr oder minder triviale *Komplementationen* von vornherein auszuscheiden, und echt komplementäre Zusammenhänge im Sinne BOHRS aufzufinden, auf die die charakteristische, gegenseitige Einschränkung in der Schärfe von Aussagen (im Sinne der HEISENBERGschen Unschärferelation) zutrifft.

Ein sich über mehrere Jahre erstreckendes interdisziplinäres Rundgespräch in der mathematisch-naturwissenschaftlichen Klasse der Sächsischen Akademie der Wissenschaften zu Leipzig zeigte, daß sich derartige Komplementationen in mancherlei Disziplinen außerhalb von Physik und Chemie auffinden lassen, sich auf Grund rein verbaler Definitionen von Komplementarität aber nur schwer von echten Komplementaritäten unterscheiden lassen. In diesem Rundgespräch nahmen außer Vertretern der theoretischen Physik und der Mathematik solche der Makromolekularphysik, der physikalischen Chemie, Chemie, Geographie, Geologie, allgemeinen Biologie, Ökologie, Biochemie, Molekularbiologie, Physiologie und der inneren Medizin teil. Der Diskussion war als Leitlinie ein rein verbal gefaßter Definitionsversuch für die Komplementarität vorangestellt worden. (Eine W. HEISENBERG zugeschriebene universelle Definition etwa wie: „Komplementär ist alles, was sich zwar ausschließt, aber logisch nicht widerspricht", erschien für den naturwissenschaftlich-medizinischen Sektor zu allgemein, d. h. zu wenig praktikabel.) Mein Definitionsversuch lautet etwa wie folgt:

„Komplementär" im erweiterten Sinne nach BOHR sollten
— *Aspekte*
— *Informationen*,
— *Methoden*,
— *Ordnungen* bzw. *Beschreibungen* möglichst objektivierbarer *Wahrnehmungen*,
— *Reaktionen* bzw. *Verhaltensweisen* von Dingen und Lebewesen genannt werden, wenn

1. eine erschöpfende Kennzeichnung nur auf *mindestens zwei* sich *ergänzende* Weisen, z. B. durch *Bilder*, *Begriffsysteme* oder „*Sprachen*" im erweiterten Sinne des Wortes erfolgen kann. (Unvollständigkeit komplementärer Kennzeichnungen, phänomenologische Seite der Komplementarität.)
2. die subjektiven oder objektiven Wahrnehmungsbedingungen aber, unter denen die Kennzeichnung in *einer* dieser „Sprachen" erst möglich wird, jeweils für die *andere nicht oder nur unvollkommen* erfüllt werden können. (Wechselseitige Ausschließlichkeit für die Erkenntnisvoraussetzungen für komplementäre Kennzeichnungen, ontologische Seite der Komplementarität.)

Als für die Ergiebigkeit der Diskussion entscheidend erwies sich die richtige Wahl eines „*Ganzen*" im Sinne von N. BOHR, für das eine (oder mehrere) komplementäre Beschreibung möglich oder wahrscheinlich erschien. Die in Tabelle 3 gegebene Übersicht zeigt in Betracht gezogene Einzeldisziplinen (Spalte 1) und die sich darin findenden „Ganzheiten" (Spalte 2). In Spalte 3 sind intuitiv empfundene näher diskutierte Komplementaritäten angeführt. In Spalte 4 ist der Versuch einer „Bewertung" der Diskussion im Hinblick auf einen *Nachweis* von Komplementarität gemacht worden.

Die unter diesem Leitstern geführten Diskussionen zeigten u. a. zweierlei recht deutlich:

1. Zahlreiche Komplementaritäten wurden zwar wahrscheinlich intuitiv richtig erfaßt, konnten aber nicht stichhaltig als solche nachgewiesen werden.

Das gilt besonders für Geographie, Ökologie und auch Medizin, also zunehmend mit steigender Bedeutung des organischen Lebens. Hier erwies sich die leitende verbale Definition von Komplementarität als noch zu wenig effektiv. Wo quantifizierbare Angaben (Parameter) vorliegen, könnte der von W. BUCHHEIM vorgeschlagene *Reziprozitätstest* [18] zur Klärung der Situation wesentlich beitragen.

2. Als besonders aktuell und weiterführend, obgleich noch am wenigsten abschließend beurteilbar, zeigte sich das Komplementaritätsproblem zum einen in der *Geographie*, zum anderen in der *inneren Medizin*. In der Geographie konzentriert es sich vorerst auf Probleme der Kartographie, aber ferner auch auf die Überwindung der prinzipiellen Krise dieser äußerst vielschichtig gewordenen Wissenschaft, worauf neuerdings besonders E. NEEF [18] hingewiesen hat. Insbesondere wirft die Geographie die Frage nach *Mehrfachkomplementaritäten* auf. In der Medizin sind es die *Psychosomatik* und die Rolle des Arztes als Person oder „Droge", die durch das Übermaß von nicht mehr sinnvoll bewältigter physikalisch-chemischer Medizintechnik und infolge eines Überangebots an entsprechenden Testmöglichkeiten heute diskutiert werden [18, Beitrag H. JORDAN].

Dieses Ergebnis führt auf das Problem eines allgemeinen Komplementaritätstestes" auf Grund quantifizierter, sog. „reziproker" Parameter, die in nichtphysikalischen, aber quantitativ arbeitenden Disziplinen die Rolle der komplementären Parameter in der Physik übernehmen. Damit kommt eine alte, schon von N. BOHR erwogene Bezeichnungsweise zur Geltung, die sicher weniger mißverständlich, mathematisch aber besser zu rechtfertigen ist als „komplementär". Für reziproke Parameter kann nach dem Verfasser eine „$h$-freie Unschärferelation" aufgestellt werden, die erfüllt ist, sofern echte Komplementarität vorliegt [18]. Voraussetzung ist, daß die beobachtbaren oder auch nicht beobachtbaren Gesetzmäßigkeiten, auf denen die Messung (Fixierung) dieser Parameter letzten Endes beruht, auf das bekannte fundamentale FOURIER-Integraltheorem [17] abbildbar sind.

Die Übersicht in Tabelle 3 faßt die Einzelheiten wie auch einige Ergebnisse des o. g. Rundgesprächs mit dem Versuch einer Bewertung zusammen. Hinsichtlich Einzelheiten muß auf die Stellungnahme der in der Übersicht genannten Vertreter der Einzeldisziplinen verwiesen werden [18]. Überall dort, wo ein Rückgriff auf quantifizierbare Parameter aber nicht möglich ist, bleibt die — nach W. HEISENBERG (s. o.) sogar für die Quantenphysik selbst zutreffende — Lage bestehen: Komplementarität bzw. „Reziprozität" müssen mit metaphorisch-gleichnishaft gebrauchten Worten unserer konventionellen Sprachen zur Darstellung und Berücksichtigung gebracht werden, wie es auf allen Gebieten des geistigen Lebens, die keiner Mathematisierung ihrer Aussagen zugänglich sind, von jeher der Fall war. Im GOETHE-Gedenkjahr 1982 sei in diesem Zusammenhange des gewaltigen Wortschatzes und der sprachbildenden und spracherhaltenden Kraft von GOETHES Gesamtwerk auch im Hinblick auf die „Ausstrahlungen" des Komplementaritätsbegriffes in andere Disziplinen besonders und dankbar gedacht. Sie werden wohl bei der *verbalen* Bewältigung von Komplementaritäten auch von GOETHE Hilfe erfahren, dessen Farbenlehre in Wahrheit wohl ein erstes und sehr lehrreiches Beispiel für die verbindende und überbrückende Kraft des Komplementaritätsbegriffes zwischen den Wissenschaften bleiben dürfte.

Nach allem Gesagten scheint der BOHRSCHE Komplementaritätsgedanke im Sinne einer universellen, überdisziplinär brauchbaren Kategorie von Wahrnehmung zumindest eine große *heuristische,* die einzelnen Wissenschaftsdisziplinen einander wieder zusammenführende Bedeutung zu haben. Ob er sich als neue Kategorie bestätigen wird, kann nur weitere umfassende Diskussion und tieferdringende Prüfung erweisen.

Tabelle 1

**Stufen der Präzisierung der Komplementarität durch den mathematischen Apparat der Quantentheorie**

1. BOHR-SOMMERFELD (1919—1925)

Strenges Punktmassenmodell. „Korrespondenzprinzip". „Quantelung" der Elektronenbahnen. Einführung von ganzen „Quantenzahlen $n_k$":

$$\int p_k \, \mathrm{d}q_k = n_k h .$$

2. BOSE-EINSTEIN (1924)

Deutung von $h$ als minimales *Zellenvolumen* $\Delta\tau$ im kanonischen Phasenraum nach J. W. GIBBS. Hohlraumstrahlung als „Lichtquantengas".

$$\Delta\tau = \text{Minimum} \int \mathrm{d}p_k \int \mathrm{d}q_k .$$

Neue Ableitung der PLANCKschen Strahlungsformel aus der Maximierung der Entropie des Lichtquantengases bei unbestimmter Anzahl der Photonen.

3. BORN-HEISENBERG-JORDAN (1925)

Verschärfung von BOHRS „Korrespondenzprinzip" zur *Quantenmechanik* materiell abgeschlossener Teilchensysteme („Matrizenmechanik"). „Vertauschungsrelationen":

$$p_k q_l - q_l p_k = \frac{\hbar}{i} \mathscr{E} \delta_{kl} \quad \left( \mathscr{E} \text{ Einheitsoperator}, \quad \hbar = \frac{h}{2\pi} \right).$$

Nicht-kommutative, durch $h$ bestimmte Algebra der physikalischen Teilchengrößen Koordinate, Impuls, Energie usw.

4. DE BROGLIE-SCHRÖDINGER (1926)

Einführung eines neuartigen Zustandsbegriffs in die Atomphysik mittels der „Wellenfunktion $\psi$". Neuerklärung *physikalischer Größen als Operationen* im HILBERT-Raum der „Zustandsfunktionen" $\psi$.

Ableitung der *Evolutionsgleichung* der $\psi$-Funktion („SCHRÖDINGER-Gleichung") aus der HAMILTON-Funktion $H(p, q, t)$ eines klassischen Modells durch Einführung des HAMILTON-Operators $\mathscr{H}$ im HILBERT-Raum:

$$\mathscr{H} = H \left( \frac{\hbar}{i} \frac{\partial}{\partial q_1}, \frac{\hbar}{i} \frac{\partial}{\partial q_2}, \ldots, q_1, q_2, \ldots, t \right) \text{ (hermitesch zu wählen)},$$

$$\mathscr{H}\psi + \frac{\hbar}{i} \frac{\partial \psi}{\partial t} = 0 \text{ (SCHRÖDINGER-Gleichung)}.$$

Forderung des hermiteschen Charakters aller Operatoren zu observablen Größen aufgrund der „statistischen Deutung" von $\psi$ nach BORN. „Mischbarkeit" von verschiedenen Zuständen per Superposition ihrer $\psi$-Funktionen.

Tabelle 1 (Fortsetzung)

5. DIRAC-JORDAN-KLEIN-WIGNER u. a. (ab 1928)

Ausdehnung der Operatorauffassung auch auf *Feldgrößen der klassischen Physik* und die *$\psi$-Funktion* selbst. Aufstellung von relativistisch-kovarianten „Quanten-Feldtheorien“. „2. Quantelung“. Besetzungszahlen $N_k$ und Phasen $\theta_k$ von Zustandsfunktionen als Operatoren definiert, für die Vertauschungsrelationen gelten. Für eine Darstellung $\psi = \sum_k a_k \varphi_k$ nach einem beliebigen Funktionssystem $\varphi_k$ und $a_k$ als Operatoren ergibt sich nach Punkt 4

$$-\frac{\hbar}{i}\, a_k \infty a_k^*,$$

und mit der kanonischen Transformation

$$a_k = \mathrm{e}^{-i\Theta_k} \sqrt{N_k}\,,\ a_k^* = \sqrt{N_k}\, \mathrm{e}^{i\Theta_k},\ a_k^* a_k = N_k$$

folgt die kanonische Konjugiertheit von (Phase $\times\ \hbar$) und Besetzungszahl $N_k$:

$$\hbar\Theta_k \infty N_k .$$

Ihre Erfüllung durch die Operationen

$$-\hbar\Theta_k = \frac{\hbar}{i}\frac{\partial}{\partial N_k} \quad \text{bzw.} \quad N_k = \frac{\hbar}{i}\frac{\partial}{\partial(\hbar\Theta_k)}$$

liefert die „Vernichtungsoperatoren“

$$\mathrm{e}^{i\Theta_k} = \exp\left(-\frac{\partial}{\partial N_k}\right)$$

und die „Erzeugungsoperatoren“

$$\mathrm{e}^{-i\Theta_k} = \exp\left(\frac{\partial}{\partial N_k}\right)$$

für die „Besetztheit“ eines Zustandes $k$ mit Energie schlechthin, z. B. einem „Teilchen“ (mit BOSE-Statistik).

Vertauschungsrelationen:

$$\left.\begin{aligned} a_k^* a_l - a_l a_k^* &= \delta_{kl} \\ a_k^* a_l + a_l a_k^* &= \delta_{kl} \end{aligned}\right\} \text{für} \left\{\begin{aligned} &\text{„BOSE-Teilchen“} \\ &\text{„FERMI-Teilchen“.} \end{aligned}\right.$$

Hinweis: $\infty$ Kanonische Konjugation von Variablen in einem klassischen ($h$-freien) Modell, z. B. $p_k \infty q_k$ nach W. R. HAMILTON.

Tabelle 2

**Konsequenzen der „Aufhebung“ der Bohrschen Komplementarität im begrifflich-mathematischen Apparat der Quantenphysik für den Charakter physikalischer Größen und Aussagen**

<table>
<tr><td colspan="2" align="center">Physikalische Größen in</td></tr>
<tr><td>klassischer Sicht</td><td>quantentheoretischer Sicht</td></tr>
<tr><td colspan="2" align="center">sind durch „benannte“</td></tr>
<tr><td>1. Zahlen</td><td>hermitesche Operatoren bzgl. $\psi$</td></tr>
<tr><td colspan="2" align="center">charakterisierbar.</td></tr>
<tr><td>2. Diese sind stets reell, von der Meßmethode unabhängig und weisen eine (theoretisch) uneingeschränkte</td><td>Diese weisen stets reelle Eerwartungswerte, die vom Zustand (der $\psi$-Funktion) des beobachteten Systems abhängen, und eine durch $h$ bedingte, durch Unschärferelationen eingeschränkte</td></tr>
<tr><td colspan="2" align="center">Meßgenauigkeit auf. Sie befolgen</td></tr>
<tr><td>3. die kommutative Algebra der reellen Zahlen, ohne daß $h$ darin auftritt.</td><td>eine nicht-kommutative von $h$ abhängige Algebra mit Vertauschungsrelationen zwischen kanonisch konjugierten Parametern $p_k$, $q_l$ des klassischen Modell-Systems;<br>$$p_k q_l - q_l p_k = \frac{h}{2\pi i}\,\delta_{kl}\mathcal{E},$$<br>in die $h$ wesentlich eingeht.</td></tr>
<tr><td colspan="2" align="center">Die Gewinnung reeller Meßwerte ist streng</td></tr>
<tr><td>4. bei unbegrenzt scharfer Trennung</td><td>nur unter Integration (Aufhebung der Trennung)</td></tr>
<tr><td colspan="2" align="center">von Objekt und Beobachtungsmittel möglich. Aussagen über physikalische Eigenschaften bzw. Situationen können</td></tr>
<tr><td>5. mit</td><td>nicht mehr mit</td></tr>
<tr><td colspan="2" align="center">aristotelischer (zweiwertiger) Logik formuliert werden. Es gibt</td></tr>
<tr><td>6. nur ein Entweder-Oder von Fakten, die dem Objekt allein zugeschrieben werden:<br>„tertium exclusum“.</td><td>auch ein Sowohl-als auch von Möglichkeiten, je nach der weiteren Behandlung des Objektes:<br>„tertium non exclusum“.</td></tr>
<tr><td colspan="2" align="center">Das „Potentielle“ bzw. das „Unentschiedene“ ist</td></tr>
<tr><td>7. kein</td><td>auch ein</td></tr>
<tr><td colspan="2" align="center">physikalisch realer (akzeptabler, wirksamer) Zustand.</td></tr>
</table>

Tabelle 3

**Übersicht über Einzelthemen und Ergebnisse des Rundgesprächs in der math.-nat. Klasse der SAW über die Komplementarität nach Niels Bohr in überdisziplinärem Sinne 1977—81.*)**

| I.<br>Disziplin | II.<br>zugrunde gelegte Ganzheit | III.<br>erörterte Komplementarität | IV.<br>Ergebnis (K. = Komplementarität) | V.<br>Autor eines publizierten Beitrages [17] |
|---|---|---|---|---|
| 1. Mathematik | FOURIERsches Integraltheorem | „reziproke" Parameter | K. Sonderfall einer allgemeineren Reziprozität, die testbar ist | W. BUCHHEIM |
| 2. Physik | Strahlung in quantentheoretischer Sicht | Teilchen — Wellenfeld | Primärfall BOHRscher K. | H. G. SCHÖPF (a. G.) |
| 3. Physik — Übertragungstheorie | Signal in klassischen Wellentheorien | Signalbreite — Bandbreite | K. in klassischen Übertragungsmechanismen | A. LÖSCHE |
| 4. Physik — Feinstrukturanalyse | Kristall in Wechselwirkung mit Strahlung | Gitterstruktur — Strahlungsspektrum | K. quantitativ nachweisbar | A. LÖSCHE |
| 5. Biophysik | Makromolekül als Lebensträger | Molekülstruktur — Lebensprozeß | K. evident | W. HOLZMÜLLER (a. G.) |
| 6. Mikrobiologie | Makromolekül als Lebensträger | Kausalität — Zufall, Kausalität — Finalität | K. bzw. Reziprozitäten evident | H. BERG |
| 7. Physiologie | Organismus in physiologischer Sicht | analytische — synthetische Physiologie | K. evident, Reziprozitätsteste hier besonders leicht möglich | B. L. LUEKEN<br>H. DRISCHEL (Diskussionsbemerkung) |

Tabelle 3 (Fortsetzung)

| I. Disziplin | II. zugrunde gelegte Ganzheit | III. erörterte Komplementarität | IV. Ergebnis (K. = Komplementarität) | V. Autor eines publizierten Beitrages [17] |
|---|---|---|---|---|
| 8. Ökologie | Biozönose | Organismus — Umwelt | K. wahrscheinlich, aber durch zahlreiche Komplementierungen verdeckt | H. J. MÜLLER (a. G.) |
| 9. Geographie | Gebiet und Landschaft | Darstellungen landschaftsgeographischer Parameter | komplementäre bzw. reziproke Operationen in der Kartographie wahrscheinlich | E. NEEF |
| 10. Innere Medizin | Mensch als Patient — Arzt und Patient im Kontakt | psychischer u. somatischer Aspekt der Krankheit | K. der beiden Aspekte teilweise evident, Reziprozitätsteste möglich | H. JORDAN |

*) 20 Teilnehmer, darunter 5 Gäste, 10 veröffentlichte Beiträge [17].

# Literaturverzeichnis

[1] BOHR, N.: Atti del Congresso Internazionale del Fisici, Como, Settembre 1927. Nature **121** (1928) 78 und 580.
HOLTON, G.: Zur Genesis des Komplementaritätsgedankens. Suhrkamp-Taschenbuch Wissenschaft Nr. 293, S. 144–202. Suhrkamp-Verlag, Frankfurt/Main 1981.

[2] SOMMERFELD, A.: Atombau und Spektrallinien, Bd. 1. Friedrich Vieweg & Sohn, Braunschweig 1919.

[3] SCHÖPF, H. G.: Das Bohrsche Komplementaritätskonzept im historischen Kontext der physikalischen Ideen. In: Abh. sächs. Akad. Wiss. Leipzig, math.-nat. wiss. Kl., Bd. **55**, Heft 5 (1983) 10–21.

[4] SCHRÖDINGER, E.: Abhandlungen zur Wellenmechanik, 2. Auflage. Joh. Ambrosius Barth, Leipzig 1928

[5] BORN, M., HEISENBERG, W., JORDAN, P.: Zur Quantenmechanik. Z. Physik **34** (1925) 858–888; **35** (1926) 557–615.

[6] HEISENBERG, W.: Über den anschaulichen Inhalt der quantentheoretischen Kinematik und Mechanik. Z. Physik **43** (1927) 172–198.

[7] KORCH, H.: Zur Kritik des physikalischen Idealismus C. F. v. Weizsäckers. VEB Deutscher Verlag der Wissenschaften, Berlin 1959.

[8] HEISENBERG, W.: Der entscheidende Schritt zur Unbestimmtheitsrelation. Physik. Bl. Heft 5 (1975) 193–196.

[9] HEISENBERG, W.: Die physikalischen Prinzipien der Quantentheorie, 2. Auflage. S. Hirzel Verlag, Leipzig 1941.

[10] BOHR, N.: Kausalität und Komplementarität. Erkenntnis (1936) 293–303. – Atomphysik und menschliche Erkenntnis. Friedrich Vieweg & Sohn, Braunschweig 1958.

[11] BUCHHEIM, W.: Die Schrödingersche Wellenmechanik als Beitrag zum quantenphysikalischen Naturverständnis. Nova Acta Leopoldina, Neue Folge Bd. **52**, Nr. 239 (1980).

[12] BORN, M., JORDAN, P.: Elementare Quantenmechanik. Struktur der Materie in Einzeldarstellungen. Vorlesungen über Atommechanik, Bd. 2. Springer-Verlag, Berlin 1930.

[13] v. WEIZSÄCKER, C. F.: Die philosophische Deutung der modernen Physik. Nova Acta Leopoldina, Neue Folge Bd. **37**/2, Nr. 207 (1979).

[14] HEITLER, W.: Über die Komplementarität von lebloser und lebender Materie. Abh. Akad. Wiss. und d. Lit. Mainz, math.-naturwiss. Kl. (1976) Nr. 1.

[15] DE BROGLIE, L.: Die Elementarteilchen. Individualität und Wechselwirkung. H. Goverts Verlag, Hamburg 1943.
MEYER-ABICH, K. M.: Korrespondenz, Individualität und Komplementarität. In: Boethius Bd. V. Fr. Steiner Verlag G.m.b.H., Wiesbaden 1965.
[16] UNSÖLD, A.: Die Evolution kosmischer, biologischer und geistiger Strukturen, 2. Auflage. Wiss. Verlagsgesellschaft, Stuttgart 1983.
[17] COURANT, R., HILBERT, D.: Methoden der mathematischen Physik I. 2. Aufl., § 6, S. 65–68. Springer-Verlag, Berlin 1931.
[18] Beiträge zur Komplementarität. Herausgegeben von W. BUCHHEIM. Abh. sächs. Akad. Wiss. Leipzig, math.-naturwiss. Kl., Bd. **55**, H. 5 (1983).
[19] NEEF, E.: Geographie — einmal anders gesehen. Geogr. Zeitschr. **70**, Heft 4 (1982), 241–260
[20] RUDOLPH, E.: Komplementarität als Problem der Erkenntnistheorie. Vortrag Berlin-Weißensee 1981. Als Manuskript vervielfältigt.

# SITZUNGSBERICHTE DER SÄCHSISCHEN AKADEMIE DER WISSENSCHAFTEN ZU LEIPZIG

## MATHEMATISCH-NATURWISSENSCHAFTLICHE KLASSE

**Band 110**

Heft 1 Prof. Dr.-Ing. Dr. h. c. PAUL GÖRLICH, Über die Laser und ihre Anwendung
1972. 24 Seiten – 8° – M 2,30

Heft 2 Prof. Dr. HASSO ESSBACH, Zum Problem der Tumoren im Kindesalter
1972. 24 Seiten – 11 Abbildungen auf 10 Kunstdrucktafeln – 8° – M 6,–

Heft 3 Prof. Dr. med. WALTER BREDNOW, Zur Anthropologie des Schwindels
1973. 17 Seiten – 2 Abbildungen auf 2 Kunstdrucktafeln – 8° – M 2,50

Heft 4 Prof. Dr.-Ing. Dr. h. c. PAUL GÖRLICH, Betrachtungen über den Wissenschaftlichen Gerätebau
1972. 39 Seiten – 8° – M 3,–

Heft 5 Prof. Dr. ERICH RAMMLER, Einige Betrachtungen über Erdgas
1974. 43 Seiten – 8 Abbildungen – 3 Tabellen – 8° – M 4,50

Heft 6 Prof. Dr. GUSTAV E. R. SCHULZE, Zur Rolle des Einfachheitsprinzips im physikalischen Weltbild
1974. 23 Seiten – 4 Abbildungen – 8° – M 2,50

Heft 7 Prof. Dr. med. ROLF EMMRICH, Zwischen Leben und Tod. Ärztliche Probleme der Thanatologie
1974. 22 Seiten – 2 Abbildungen – 4 Tabellen – 8° – M 3,50

**Band 111**

Heft 1 Prof. Dr. WILHELM MAIER, Vom Erbe Bernhard Riemanns 1975. 16 Seiten – 8° – M 2,50

Heft 2 Prof. Dr. med. HANS DRISCHEL, Organismus und geophysikalische Umwelt
1975. 50 Seiten – 25 Abbildungen – 1 Tabelle – 8° – M 7,–

Heft 3 Prof. Dr. MARIA HASSE, Zum Begriff des allgemeinen Produkts von Kategorien
1975. 32 Seiten – 8° – M 5,–

Heft 4 Prof. Dr.-Ing. Dr. h. c. KURT SCHWABE, Analytische Probleme des Umweltschutzes
1975. 28 Seiten – 9 Abbildungen – 2 Tabellen – 8° – M 3,50

Heft 5 Prof. Dr. WOLFGANG BUCHHEIM, Die kopernikanische Wende und die Gravitation
1975. 36 Seiten – 2 Farbtafeln – 8° – M 5,–

Heft 6 Prof. Dr. HERMANN BERG, Photopolarigraphie und Photodynamic
1975. 19 Seiten – 2 Abbildungen – 2 Tabellen – 8° – M 3,–

Heft 7 Prof. Dr. MANFRED GERSCH, Probleme der Insektizide aus heutiger Sicht
1976. 36 Seiten – 9 Abbildungen – 2 Tabellen – 8° – M 4,–

**Band 112**

Heft 1 Prof. Dr. WALTER BREDNOW, Spiegel, Doppelspiegel und Spiegelungen – eine „wunderliche Symbolik" Goethes 1975. 28 Seiten – 4 Abbildungen – 8° – M 3,–

Heft 2 Prof. Dr. ARTUR LÖSCHE, Über negative absolute Temperaturen. Eine Einführung
1976. 26 Seiten – 12 Abbildungen – 8° – M 4,–

Heft 3 Prof. Dr. med. HERBERT JORDAN, Kurorttherapie: Prinzip und Probleme
1976. 31 Seiten – 10 Abbildungen – 1 Tabelle – 8° – M 4,50

Heft 4 Prof. Dr. FRIEDRICH WOLF / Dr. PETER FRÖHLICH, Zur Druckabhängigkeit von Ionenaustauschreaktionen 1977. 13 Seiten – 6 Abbildungen – 1 Tabelle – 8° – M 2,–

Heft 5 Prof. Dr. DIETRICH UHLMANN, Möglichkeiten und Grenzen einer Regenerierung geschädigter Ökosysteme 1977. 50 Seiten – 20 Abbildungen – 2 Tabellen – 8° – M 6,50

Heft 6 Prof. Dr. ERICH RAMMLER, Zwei Jahrzehnte Entwicklung des Einsatzes der Energieträger Kohle und Erdöl im Weltmaßstab 1977. 29 Seiten – 6 Abbildungen – 4 Tabellen – 8° – M 4,–

Heft 7 Prof. Dr. ULRICH FREIMUTH, Umweltprobleme in der Ernährung
1977. 32 Seiten – 3 Abbildungen – 4 Tabellen – 8° – M 4,–

**Band 113**

Heft 1 Prof. Dr. ERICH LANGE, Allgemeingültige Veranschaulichung des II. Hauptsatzes
1978. 22 Seiten – 10 grafische Darstellungen – 8° – M 4,–

Heft 2 Prof. Dr. HERBERT BECKERT, Bemerkungen zur Theorie der Stabilität
1977. 19 Seiten – 8° – M 2,50

Heft 3 Prof. Dr. sc. KLAUS DÖRTER, Probleme und Erfahrungen bei der Entwicklung einer intensiven landwirtschaftlichen Produktion im Landschaftsschutzgebiet des Harzes
1978. 20 Seiten – 6 Abbildungen, davon 4 farbige auf 2 Tafeln – 2 Tabellen – 8° – M 7,–

Heft 4 Prof. Dr. sc. med. HANS DRISCHEL, Elektromagnetische Felder und Lebewesen
1978. 31 Seiten – 14 Abbildungen – 2 Tabellen – 8° – M 5,–

Heft 5 Prof. Dr. MANFRED GERSCH, Wachstum und Wachstumsregulatoren der Krebse. Biologische Erkenntnisse und generelle Erwägungen
1979. 32 Seiten – 13 Abbildungen – 1 Tabelle – 8° – M 6,–

Heft 6 Prof. Dr. rer. nat. FRIEDRICH WOLF / Dr. rer. nat. URSULA KOCH, Über den Einfluß der chemischen Struktur von Dispersionsfarbstoffen auf deren Dispersionsstabilität
1979. 18 Seiten – 3 Abbildungen – 10 Tabellen – 8° – M 3,50

Heft 7 Prof. Dr. rer. nat. FRIEDRICH WOLF / Dr. rer. nat. WOLFGANG HEYER, Zur Sorption an Tetracalciumaluminathydroxysalzen 1980. 12 Seiten – 5 Abbildungen – 4 Tabellen – 8° – M 2,–

**Band 114**

Heft 1 Prof. Dr. HASSO ESSBACH, Morphologisches zur orthologischen und pathologischen Differenzierung und zum Anpassungs- und Abwehrvermögen der menschlichen Placenta
1980. 19 Seiten – 12 Abbildungen – 8° – M 4,–

Heft 2 Prof. Dr. med. WERNER RIES, Risikofaktoren des Alterns aus klinischer Sicht
1980. 19 Seiten – 9 Abbildungen, davon 1 Abbildung auf Tafel – 8° – M 4,–

Heft 3 Prof. Dr. OTT-HEINRICH KELLER, Anschaulichkeit und Eleganz beim Alexanderschen Dualitätssatz
1980. 19 Seiten – 8° – M 4,–

Heft 4 Prof. Dr. rer. nat. BENNO PARTHIER, Die cytologische Symbiose am Beispiel der Biogenese von Zellorganellen 1981. 29 Seiten – 16 Abbildungen – 2 Tabellen – 8° – M 6,–

Heft 5 Prof. Dr. F. WOLF / Dr. S. ECKERT / Dr. M. WEISE / Dr. S. LINDAU, Untersuchungen zur Synthese und Anwendung bipolarer Ionenaustauschharze 1980. 12 Seiten – 6 Tabellen – 8° – M 2,–

Heft 6 Prof. Dr. med. HERBERT JORDAN, Balneobioklimatologie – Eine Zielstellung im Mensch-Umwelt-Konzept 1981. 25 Seiten – 8 Abbildungen – 1 Tabelle – 8° – M 4,–

**Band 115**

Heft 1 Prof. Dr. rer. nat. HERMANN BERG, Wilhelm Ostwald – Erkenntnisse über die Biosphäre
1981. 36 Seiten – 7 Abbildungen – 3 Tabellen – 8° – M 6,–

Heft 2 Prof. Dr. sc. KLAUS DÖRTER, Aphorismen zur Qualität des Bewässerungswassers
1981. 31 Seiten – 11 Abbildungen – 11 Tabellen – 8° – M 6,–

Heft 3 Prof. Dr.-Ing. Dr. rer. nat. h. c. PAUL GÖRLICH, Die geschichtliche Entwicklung des wissenschaftlichen Gerätebaus und seine zukünftige Bedeutung 1981. 36 Seiten – 8° – M 6,–

Heft 4 Prof. Dr. WOLFGANG BUCHHEIM, Albert Einstein als Wegbereiter nachklassischer Physik
1981. 29 Seiten – 8° – M 4,–

Heft 5 Prof. Dr.-Ing. HERBERT KRUG, Die Technologie der Brikettierung von Weichbraunkohle im Lichte der Verfahrenstechnik und der besseren Nutzung dieses Energieträgers
1982. 20 Seiten – 13 Abbildungen – 8° – M 3,–

Heft 6 Prof. Dr. ERNST NEEF, Der Verlust der Anschaulichkeit in der Geographie und das Problem der Kulturlandschaft 1981. 34 Seiten – 8° – M 5,–

**Band 116**

Heft 1 Prof. Dr. Werner Ries, Studien zum biologischen Alter
1982. 27 Seiten — 10 Abbildungen — 8° — M 4,—

Heft 2 Prof. Dr. Rudolf Sachsenweger, Augenunabhängige optosensorische Wahrnehmungsformen
1983. 19 Seiten — 8° — M 4,—

Heft 3 Prof. Dr. Hans-Georg Schöpf, Die Griechen und die Natur 1983. 62 Seiten — 8° — M 8,—

Heft 4 Prof. Dr.-Ing. Ján Benetin, Mathematisches Modell für das Wachstum von landwirtschaftlichen Kulturen und seine Verwertung in der quantitativen Beurteilung des Bewässerungseffektes auf die Steigerung der Ernteerträge 1983. 36 Seiten — 18 Abbildungen — 3 Tabellen — 8° — M 6,—

Heft 5 Prof. Dr. Hans Drischel †, Neues über die Pupille
1983. 30 Seiten — 26 Abbildungen — 8° — M 4,—

Heft 6 Prof. Dr. Benno Parthier, Der Beitrag der Molekularbiologie zur Evolutionserkenntnis

Heft 7 Prof. Dr. Adolf Watznauer, Die Rolle des Radons (Isotop $^{222}$Rn) als Umweltfaktor — eine Übersicht
1983. 34 Seiten — 3 Abbildungen — 4 Tabellen — M 5,—

**Band 117**

Heft 1 Prof. Dr. sc. Klaus Dörter, Einige Aspekte zum landeskulturellen Nutzen des Meliorationswesens *In Vorbereitung*

Heft 2 Prof. Dr. Herbert Beckert, Nichtlineare Elastizitätstheorie *In Vorbereitung*

Heft 3 Prof. Dr. Herbert Jordan, Zur funktionellen Normalität des Menschen *In Vorbereitung*

Heft 4 Dr. Arnd Bernhardt, Beiträge zum Problemkreis des Landschaftswandels *In Vorbereitung*

Heft 5 Prof. Dr. Ott-Heinrich Keller, Das Zählen als angeborene Verhaltensweise *In Vorbereitung*

Heft 6 Prof. Dr. Wolfgang Buchheim, Komplementarität nach Niels Bohr — physikgeschichtliche Episode oder universale Kategorie von Ergänzung *Vorliegendes Heft*

*Einzel- oder Fortsetzungsbestellungen durch eine Buchhandlung erbeten*

*Sitzungsberichte bis Band 108*
*durch das Zentralantiquariat der Deutschen Demokratischen Republik, Leipzig,*
*ab Band 107 durch den Akademie-Verlag, Berlin, zum Teil noch lieferbar*

AKADEMIE-VERLAG

DDR - 1086 Berlin, Leipziger Straße 3—4

MIX
Papier | Fördert gute Waldnutzung
FSC® C083411

Zeitfracht Medien GmbH
Ferdinand-Jühlke-Straße 7
99095 Erfurt, Deutschland
produktsicherheit@kolibri360.de